清凉彩趣系列

双福 张晓雪 ◎ 主编

农村读物出版社

图书在版编目（CIP）数据

清凉彩趣冰 / 双福，张晓雪主编.—北京：农村读物出版社，2009.6
（清凉彩趣系列）
ISBN 978-7-5048-5242-7

Ⅰ.清… Ⅱ.①双…②张… Ⅲ.冷冻食品-制作 Ⅳ.TS277

中国版本图书馆CIP数据核字（2009）第093461号

主　　编　双　福　张晓雪
监　　制　周学武
编　　著　周学武　侯熙良　常方喜　彭　利　石晓亮　孙　鹏　王雪蕾
　　　　　陈　辰　孙　燕　刘继灵　贾全勇　徐正全　裴　丽　李华华
　　　　　梅妍娜　李青青　石婷婷
制　　作　张晓雪　福苑美厨
造型指导　孙　鹏
摄　　影
设　　计　双福 SF 文化工作室 www.shuangfu.cn

责任编辑　育向荣
出　　版　农村读物出版社（北京市朝阳区农展馆北路2号　100125）
发　　行　新华书店北京发行所
印　　刷　中国农业出版社印刷厂
开　　本　889mm X 1194mm　1/32
印　　张　3
字　　数　60千
版　　次　2009年6月第1版　2009年6月北京第1次印刷
印　　数　1~8000册
定　　价　12.80元

Contents 目录

Part1 缤纷彩趣冰，清凉好享受

Part2 劲爽彩趣冰沙

Part3 美味彩趣冰淇淋

Part4 激凉彩趣块冰

Part 1 缤纷彩趣冰，清凉好享受

带来酣畅、带来激爽，
驱走炎热、驱走火气，
自制彩趣冰品，
省时便捷，
口味亦可随心所欲，
还等什么？
一显身手吧！

冰沙、冰淇淋、块冰的那些事

冰沙

冰沙细腻可口，而且选用水果作为主料，是冰与水果的完美组合，尤其深得浪漫的小女生们宠爱。冰沙的特点是清凉、冰爽、口味丰富，制作简单。

制作冰沙时，刨出的冰细腻绵软最好，并且需要加入适量的糖水，因为冰本身没有味道，需要用糖水来弥补被冰块冲淡的水果味道。

品尝冰沙有以下几个步骤

观赏：冰沙制成后，最好能摆在桌上观赏几分钟，让各种调配原料的味道散发至最大，增加整体风味；并细心观看如雪状的冰晶和鲜嫩欲滴的水果原料，因为吃冰需要来自所有的感官印象。

搅拌：快速的搅拌同样也是一种酝酿和期待的心理过程，美好的参与心理是品尝美食的最佳状态。

善用唇舌：舀一小匙冰沙，将其翻转放入口中，正面接触舌中部，这是让冰沙风味直达味蕾的最佳方法；含满冰沙后，轻抿嘴唇，让多层次的味道散发在整个唇齿之间。

嗅觉：闭上嘴巴，将水果冰的香味带到鼻腔，用嗅觉去感受细滑香爽。

回味：唇齿享受了冰的香、甜、细、凉、香的美感后，接着让我们的喉和胃体会它的与众不同。

冰淇淋

传说公元前4世纪左右，亚历山大大帝远征埃及时，将阿尔卑斯山的冬雪保存下来，将水果或果汁用其冷冻后食用，从而增强了士气。还有记载显示，巴勒斯坦人利用洞穴或峡谷中的冰雪驱除炎热。在各种说法中，最具说服力的还是始于中国。1292年，在马可波罗游历中国后写的《东方见闻录》中，记载他将在大都最爱吃的冻奶的配方带回威尼斯，并在意大利北部流传开来。东方的传统冰冻食品经马可·波罗传入西方，并得到进一步发展，实现了产业化，从而诞生了今天的冰淇淋。

1846年，有个叫南希·约翰逊的人，发明了一架手摇曲柄冰淇淋机。制作时先向冰雪里加些食盐或硝酸钾，使冰雪的温度更低，然后把奶、蛋、糖等放入小桶里不断搅拌，过一会儿就制成了冰淇淋。从此，人们在家里就可制作冰淇淋了。1904年，在美国圣·路易斯世界博览会期间，又有人把鸡蛋、奶和面粉烘制的薄饼，折成锥形，里面放入冰淇淋，供参加博览会的人品尝。不久，这种蛋卷冰淇淋就风靡了全世界。

冰淇淋是一种含有优质蛋白质及高糖高脂的食品，另外还含有氨基酸及钙、磷、钾、钠、铁等，具有调节生理机能、保持渗透压和酸碱度的功能。资料显示，按照国际和国家产品标准，一般奶油冰淇淋，其营养成分为牛奶的几倍，在人体内的消化率可达95%以上，高于肉类、脂肪类的消化率。

夏天没有胃口时，吃些冰淇淋，是迅速补充体力、降低体温的好方法；爱美的女士偶尔改变方式，以冰淇淋取代饮食，同样能摄取营养和热量，并且冰淇淋漂亮的颜色足以令人产生食欲。

块冰

块冰是个模糊的称呼，其实它就是冰棍等的统称，它不像冰淇淋那样含有大量的奶油，芳香甜腻，口感柔软；块冰很简单，果汁、牛奶等冻成冰块即可。块冰口感非常脆，夏季食用特别解渴消暑。

如今的块冰已经渐渐淡出市场，取而代之的是成本更高、味道更好的冰淇淋和雪糕，冰棍已经渐渐成为“童年的回忆”。不过，块冰仍是解渴消暑的最佳冷食，在家中自己制作，省时快捷，成本低廉，而且味道也不错！

制作彩趣冰的工具

冰箱：用来冷冻制冰。

刨冰机：将冰块放在转盘上固定，一手稳住机身，另一手摇动把手，转轴上的锉刀就开始刨冰，冰片会纷纷落下。

如果没有刨冰机，可以用简单的方法制作泡泡冰：将果汁等搅拌均匀，盛入容器，放入冷冻室中，待原料微冻后，用汤匙搅拌均匀再放入冷冻室，这样反复几次，原料就慢慢变成口感独特的泡泡冰了。

碎冰机：将适量的冰块放入碎冰机中，一手稳住机身，另一手转动转轴，块冰就可以变成小钻石冰了。

如果没有碎冰机，可以将冰装入一只干净的、可以封口的塑料袋里，用干净的毛巾裹住，用小锤子慢慢敲碎。

果汁机：将水果处理好后，放入果汁机就可以打出美味的果泥，与冰沙等拌在一起，味道非常好。

制冰盒：有很多可爱的造型，方块、圆球、水果、卡通人物等，都非常的可爱。

塑料保鲜盒：当冰淇淋或泡泡冰的液体原料调好后，需要一个有盖的容器盛装，再放入冷冻室，这样可以保证原料的干净、不混入异味。

漂亮的容器：透明的水杯、高脚杯、咖啡杯、点心盘……这些漂亮的容器会让你吃冰的心情变得格外愉悦。

制作彩趣冰的常用原料

果糖：果糖既可以打在果汁里提高果汁的甜味，也可以放在冰的上面做装饰用。

蜂蜜：蜂蜜有独特的香甜味道，并且可以中和柠檬等水果的酸味。

冰淇淋粉：用市面上卖的冰淇淋粉可以制作简单的冰淇淋，制作程序就是将液体原料和冰淇淋粉混合，充分搅拌至凝乳的状态，倒入模型盒，再放入冰箱冷冻室即可。

布丁：可爱的布丁是很多女孩子最喜爱的食物，放在冰中，颇受欢迎。

水果罐头：省去了处理水果的工序，有独特的罐头味道，可根据自己的喜好选择。

柠檬汁：淋在冰上，可以丰富冰的味道，但较酸，切记少用。

橙汁：和柠檬汁一样，但是味道要比柠檬汁更受欢迎。

牛奶：浓郁的奶香味道是很多女孩不变的选择，在冷饮中较多使用。

酸奶：根据个人的口味选择使用酸奶，也比较有营养。

奶油：味道香浓醇厚，但是较多用在装饰上，提升冰的味道和感觉。

可乐：用可乐制冰，比较简捷，味道也不错。

咖啡：喜欢咖啡的人在制作冰品时，也不会忘记自己喜欢的咖啡味道。

酒类：如草莓甜酒、威士忌等，根据个人喜好选择使用，淡淡的酒香味可以让很多冰与众不同，口感丰富。

红（绿）豆：具有绵软的口感，用在冰中很有感觉。

各类水果：橙子、草莓、哈密瓜等，是冰的主打原料，可根据自己的喜好选择使用。

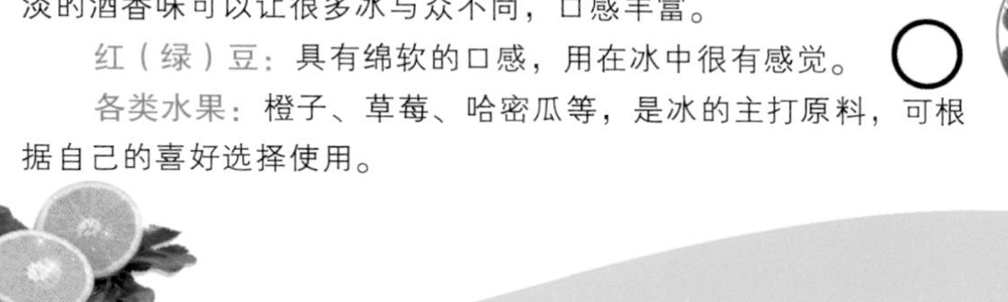

劲爽彩趣冰沙

冰沙细腻可口，
清凉爽口，
是消暑的一大选择；
冰沙大多加入水果制成，
富含水果的营养成分，
是冰与水果的完美组合。

西瓜汁冰沙

原料

西瓜半个，冰水、果糖各适量。

制作

1.西瓜去皮、切块，然后放入果汁机，添加适量冰水和果糖打汁，用滤网将果汁滤到容器中。

2.放入冷冻室凝固。

3.在没有完全冻结前拿出来搅拌均匀，用汤匙仔细搅拌容器的每个角落，搅好后再放入冷冻室冰冻。

4.过30分钟之后再拿出来搅拌，用汤匙挖出大块冰，仔细搅拌后再放入冷冻室。

5.每隔30~40分钟拿出来搅拌一次，反复4~5次，直到原料变成柔细的泡泡冰，装入高脚杯中即可。

制作窍门

1.宜选用无籽西瓜，这样打出的汁里面不会有杂质；如果选用有籽西瓜，可用过滤网滤去杂质。

2.可以加入一些西瓜瓤块，好看又好吃。

冰趣语

夏日炎炎，有西瓜与冰相伴，清凉酣畅。

在这一抹清凉的绿中，
西瓜与冰，
扬起艳丽的红纱轻舞，
此时炎热尽去，
俏皮的的凉风从窗外滑入……

甜瓜茶香冰沙

原 料

甜瓜1个，花草茶汁1杯，果糖适量。

制 作

1.甜瓜洗净，切块；花草茶添加适量的果糖调匀，冷却备用。

2.将液体原料倒入制盒的小格内，然后整盒放入冷冻室结冰。

3.冻结后取出，放入碎冰机里打成钻石冰。

4.将冰盛入碗中，加点果糖、甜瓜块即可。

制 作 窍 门

1.也可将果糖换成蜂蜜，更具有独特的花果香。

2.花草茶可现用现泡，另外可以选择花草茶饮料，但要适当减少果糖用量。

冰趣语

花草香里，唤醒孩童年代的快乐。

小的时候，
偷偷藏在柜子的后面，
舔着那块甜甜的冰，
此时，
手捧这碗花草香、甜瓜香的冰，
人生就倏然转回那个无忧的年代。

草莓汁冰沙

原料

草莓200克，香槟150毫升。

制作

1.去除草莓的蒂叶，用清水冲洗干净，然后捣成泥，不要留下块状物。

2.加入等量的香槟，搅拌均匀，然后将所有原料倒入可密封的容器中，放入冷冻室结冰。

3.至原料稍微冻结（约30分钟）取出，搅拌均匀，让空气进入，再送回冷冻室。

4.拿出来再一次搅拌均匀，重复多次，直至原料变成泡泡冰为止。

5.盛入杯中，用草莓装饰即可。

制作窍门

1.新鲜草莓捣成的泥，味道清香迷人，并且具有自然的甜味，完全不需要加糖。

2.最后的装饰物也可换成奶油，味道会更加浓香可口。

冰趣语

冰山上的草莓火山。

嫁时红妆，
属于娇羞的风情，
隔着红红的盖头，
窥视，
心上人儿的兴奋和快乐，
按捺下心头乱撞的小鹿，
告诉自己，
终于成了他的至爱。

柠香橙汁冰沙

原料

柠檬、柳橙各1个，蜂蜜、小布丁各适量。

制作

1.用榨汁器分别将柳橙和柠檬压出汁液，然后将液体原料混合搅拌均匀，装入有盖的容器内，放入冷冻室冻结凝固。

2.至原料稍微冻结（约30分钟），搅拌，用汤匙仔细搅拌容器的每个角落，然后放入冷冻室再冰冻。

3.大约30分钟之后再次取出，用汤匙挖碎大块冰，仔细搅拌均匀。

4.每隔30~40分钟搅拌一次，如此反复4~5次，柔细的泡泡冰就制成了。

5.用漂亮的容器盛装泡泡冰，然后放上小布丁即可。

制作窍门

1.选用柳橙汁和柠檬汁会更方便一些。

2.布丁的口味可根据自己的喜好选择。

3.柠檬汁比较酸，加入的量要根据自己的口味调整。

冰趣语

金色阳光里的冰船。

在一个悠闲的午后，
捧一杯冰沙细细品尝，
阳光透过窗户，
将温暖的颜色映入，
光影、美人、冰沙，
耐人寻味的一幅画。

柳橙羊羹冰沙

原料

柳橙汁100毫升，梅酒50毫升，
果糖、羊羹冻、鲜奶油各适量。

制作

1.柳橙汁、梅酒搅拌均匀，装入有盖的容器内，放入冷冻室凝固。

2.至原料稍微冻结（约30分钟），取出搅拌，用汤匙仔细搅拌容器的每个角落，然后放入冷冻室再冰冻。

3.大约30分钟之后再次取出，用汤匙挖碎大块冰，仔细搅拌均匀。

4.每隔30~40分钟搅拌一次，重复4~5次，柔细的泡泡冰就制成了。

5.盛入容器，放上切块的羊羹，挤上鲜奶油装饰即可。

制作窍门

1.梅酒可以换成啤酒，冰凉的口感相近，但味道截然不同。

2.羊羹也可以换成自己喜欢的软糖等。

冰趣语

黄金海洋中的岛屿。

当海皇波塞冬，
持着他的长戟踏波而来的时候，
塞壬的歌声响起，
过往的水手茫然失神，
在这片海域上流浪千年……

什锦水果冰沙

原料

什锦水果罐头1罐，草莓3颗，
柠檬汁100毫升，果糖适量。

制作

1.取凉开水冻成冰块，用碎冰机打碎；草莓洗净，切成薄片备用。

2.将什锦果肉切粒，放到碎冰粒上。

3.淋入柠檬汁，放上草莓装饰即可。

制作窍门

1.罐头水果种类繁多，口感也比较软，如果偏爱新鲜水果的味道，可以切些水果粒。

2.装饰用的草莓也可以换成樱桃等。

冰趣语

果肉香香的梦幻冰。

走在繁华的都市里，
是追求寂寥和冰冷的孤独？
还是追求温暖的冷酷？
有颗包容的心，
生活就有了缤纷的颜色。

威士忌软糖冰沙

原 料

苹果汁100毫升，威士忌50毫升，鲜奶油、水果软糖各适量。

制 作

1.取凉开水冻成冰块，用碎冰机打碎。
2.将碎冰放入容器中，淋上苹果汁、威士忌。
3.摆上水果软糖，挤上鲜奶油装饰即可。

制 作 窍 门

1.威士忌的用量可以根据个人的口味调整，但是不要太多，否则酒味过重会冲淡冰的滋味。
2.水果软糖可以换成巧克力糖等，也可以放入水果布丁。

冰趣语

酒不醉人人自醉。

此时微醺，
郁郁酒香浓，
眼神儿迷离，
步履微横，
细赏难言风情。

爽心橙盅冰沙

原料

甜橙1只，果糖、樱桃各适量。

制作

1.取凉开水冻成冰块，放入碎冰机打成碎冰。

2.甜橙从2/5处切除顶盖，用汤匙挖除一部分果肉备用，另一部分用挤汁器将汁液压榨出来，保留果皮当容器。

3.挖空的甜橙皮中，放入碎冰，再将甜橙汁添加适量果糖，混合调匀倒入。

4.放上甜橙果肉，用樱桃装饰即可。

制作窍门

1.如果不小心挖破甜橙皮，可以将碎冰等盛入高脚杯中，效果同样。

2.甜橙也可以换成柚子等。

3.装饰物可用樱桃，也可用草莓等。

冰趣语

一盅冰沙，透心凉爽。

帘卷西风，
人比黄花瘦，
试问卷帘人，
却道海棠依旧，
犹如这甜橙一盅，
相映生怜。

芒果草莓冰沙

原 料

芒果1只，柠檬汁100毫升，草莓、蜂蜜各适量。

制 作

1.取凉开水冻成冰块，放入碎冰机打成碎冰；芒果削皮切块，草莓洗净切开。

2.柠檬汁加入适量冰水和适量蜂蜜混合后调匀。

3.碎冰放入容器，淋入调匀的柠檬蜂蜜汁。

4.放入芒果块，用草莓装饰即可。

制 作 窍 门

柠檬汁的用量根据自己的口味调整，慢慢添加，如果不小心加多了，可用蜂蜜来调整味道。

冰趣语

草莓与芒果的私语。

茫茫人海中，
你我相遇，
多么难得的缘分……

花生豆花冰沙

原 料

花生100克，柠檬汁、柳橙汁各100毫升，果糖、豆花各适量。

制 作

1.取凉开水冻成冰块，放入碎冰机打成碎冰；花生煮熟。

2.柠檬汁、柳橙汁混合调匀。

3.将碎冰放入容器中，淋入柠檬柳橙汁。

4.放入果糖、花生、豆花即可。

制 作 窍 门

1.柳橙汁、柠檬汁的比例根据自己的喜好调整，也可单用其中一种。

2.果糖、花生、豆花用量可根据自己喜好添减，也可换成炼乳。

冰趣语

每一口都有不同的滋味。

幸福就是，
离别时
那深情的回眸，
归家后
那热烈的拥吻……

酒香樱桃冰沙

原 料

白葡萄酒、白色汽水各150毫升，栗羊羹、樱桃各适量。

制 作

1.白葡萄酒、白色汽水混合调匀，栗羊羹切成小块，樱桃洗净。

2.将液体原料倒入制冰盒内，放入冷冻室结冰。

3.至原料冻结后取出，放入碎冰机里打成钻石冰，盛入容器。

4.放上栗羊羹块和樱桃即可。

制 作 窍 门

1.白葡萄酒也可以换成白葡萄汁。

2.白葡萄酒与白色汽水的比例可以根据自己的口味调整。

3.制冰盒的形状可以多样化，制出的冰会更有情趣。

冰趣语

童年最爱的白色汽水。

没有人可以拒绝
岁月的苍老，
不妨快乐地微笑，
何必在意眼角纹的多少。

樱桃菠萝冰沙

原料

菠萝200克，苹果150克，樱桃8颗，葡萄干、蜂蜜、鲜奶油各适量。

制作

1.樱桃洗净去籽，苹果削皮切小块，菠萝取肉切小块。

2.将樱桃、菠萝、苹果放入果汁机中，添适量冰开水和蜂蜜打成汁，过滤后倒入大碗中。

3.将液体原料倒入制冰盒的小格内，整盒放入冷冻室结冰后取出，用碎冰机部分打散。

4.取容器，将碎冰铺底，大块冰放在上面，加葡萄干。

5.淋上鲜奶油，用樱桃装饰即可。

制作窍门

1.樱桃也可以换成蓝莓等。

2.装饰用的鲜奶油可以换成奶酪冻，风味会别具一格。

冰趣语

众星捧月的娇艳。

在米兰的杜莫广场，
我们相识于日出的那刻，
播撒了一天的笑声，
日落时你悄然离去，
唯留我在大教堂的背影中神伤……

酸甜水果冰沙

原料

葡萄汁、菠萝汁各100毫升，什锦水果罐头1罐，樱桃、蜂蜜各适量。

制作

1.葡萄汁、菠萝汁、蜂蜜混合均匀，倒入容器，放入冷冻室。

2.至原料稍微冻结（约30分钟）取出，用汤匙搅拌均匀，容器的每个角落都要搅到，再送回冷冻室。

3.每隔30~40分钟拿出来搅拌一次，让空气进入，如此反复4~5次，直至原料变成柔细的泡泡冰。

4.将泡泡冰盛入漂亮容器中，放入水果粒和樱桃即可。

制作窍门

1.葡萄汁的酸味较重，加入适量蜂蜜可使味道柔和一些。

2.葡萄汁也可换成红葡萄酒，味道会更美妙。

3.菠萝汁也可换成柠檬汁，但柠檬汁味酸，用量要少。

冰趣语

日月在天地的杯中沉浮。

炽热的爱情，
害怕在时间的穿梭中
慢慢变冷，
我希望我们能够在
威尼斯的叹息桥下，
彼此拥抱，
据说，那可以让爱情永恒。

豆香龙眼茶冰沙

原料

龙眼肉150克，红豆、绿豆各50克，红茶包、鸡蛋各1个，炼乳、果糖各适量。

制作

1.取凉开水冻成冰块，放入碎冰机打成碎冰；红茶包泡水，放入果糖冷却。

2.将红豆、绿豆煮开花，冷却。

3.将碎冰盛入容器，淋入红茶汁，铺上红豆、绿豆、龙眼肉。

4.淋入炼乳，中间打入蛋黄即可。

制作窍门

1.除了红豆、绿豆外，还可以添加各种各样的果肉、布丁。

2.炼乳比较甜，加的量要少一点。

3.也可以将龙眼肉和红茶泡在一起，制成桂圆红茶。

冰趣语

苍茫大地上的一轮明月。

在江南的胜景，
见到婉约的江南仕女画，
脚步难以挪动，
红颜、美人髻、扑萤团扇、秀美的旗袍，
迷恋让我发现，
原来再现代的装扮下都有着，
古典的婉约梦想……

黑啤蕉莓冰沙

原料

黑啤酒150毫升，柠檬汁100毫升，香蕉、草莓、炼乳、果糖各适量。

制作

1.黑啤酒、柠檬汁混合调匀，装容器内，放入冷冻室。

2.至原料稍微冻结（约30分钟）取出，用汤匙搅拌均匀，容器的每个角落都要搅到，再送回冷冻室。

3.每隔30~40分钟拿出来搅拌一次，让空气进入，如此反复做4~5次，直至原料变成柔细的泡泡冰。

4.将泡泡冰盛入容器，放上香蕉段、草莓，淋适量炼乳即可。

制作窍门

1.黑啤酒的颜色重一些，也可以换成任意一款啤酒。

2.可以淋入一些蜂蜜，减轻苦味、酸味。

3.香蕉和草莓可以换成芒果、菠萝、猕猴桃等水果。

冰趣语

酒液荡漾里，梦想依旧……。

啤酒的味道，
弥漫整个世界，
喜欢浪漫的你，
何时再去慕尼黑，
那纯粹的酒香，
木偶钟的音乐声，
还有那段刻骨铭心的爱情。

芒果柠檬冰沙

原料

芒果2个，柠檬1个，栗羊羹、果糖各适量。

制作

1.取凉开水冻成冰块，放入碎冰机中打成碎冰；芒果去皮核，取肉，加果糖打碎；柠檬榨汁。

2.将碎冰放入容器中，淋入柠檬汁，放入芒果肉。

3.加入切碎的栗羊羹，用柠檬片装饰即可。

制作窍门

1.也可将果糖换成蜂蜜，味道会更加柔和香甜。

2.柠檬汁的量可根据自己的口味调整。

3.栗羊羹也可以换成咖啡冻、水果软糖、水果布丁等。

冰趣语

酸酸甜甜的浪漫。

我只是一朵，
不起眼的小花，
但也不会让自卑发芽，
照样拥有阳光的温暖，
露水的滋润，
清风的抚摸。

猕猴桃樱桃冰沙

原 料

猕猴桃1个，樱桃、蜂蜜各适量。

制 作

1.取凉开水冻成冰块，刨成冰沙。

2.猕猴桃洗净去皮取肉，加蜂蜜打成汁。

3.将猕猴桃汁淋入冰沙，略拌。

4.放上樱桃装饰即可。

制作窍门

1.猕猴桃味道略酸，加入蜂蜜可以调和一下。

2.装饰物也可以选择草莓等。

3.刨冰时，应尽量刨细碎一些，口感会比较细腻。

冰趣语

沁心彻骨的凉爽。

略施粉黛，
是精致的美，
素面朝天，
也是自信的张扬。

圣女果香蕉冰沙

原料

香蕉2个，圣女果、蜂蜜各适量。

制作

1.取凉开水冻成冰块，刨成冰沙。

2.香蕉剥皮，1个加蜂蜜放入果汁机打成泥，1个切段；圣女果洗净，对切两半。

3.将冰沙盛入容器，淋入香蕉泥，略拌。

4.埋入圣女果，放入香蕉段即可。

制作窍门

1.将圣女果埋入冰沙中，有着寻宝的乐趣。

2.也可以将蜂蜜换成果糖，提高香蕉泥的甜味。

冰趣语

不经意的邂逅隐含着深深的缘分。

迷恋你已很久，
却总是羞于说出口，
期待与你相遇，
听到你的问候，
爱情是种奇怪的魔咒……

菠萝甜瓜冰沙

原 料

菠萝200克，甜瓜1个，蜂蜜适量。

制 作

1.取凉开水冻成冰块，刨成冰沙。

2.菠萝取肉切块，甜瓜去皮籽切块。

3.将菠萝肉、甜瓜肉、蜂蜜放入果汁机打成泥。

4.将冰沙放入容器，倒入果泥，略拌即可。

制 作 窍 门

1.刨冰时要刨得细碎均匀一些，口感会更好。

2.甜瓜也可以换成哈密瓜。

3.可以用草莓或者樱桃装饰。

冰趣语

激爽的冰沙，截然不同的感受。

菠萝深情地对甜瓜说：
"我很丑，但我很温柔。"
甜瓜看着菠萝
低头轻声回答：
"我妈妈不让我找满脸粉刺的男人。"
于是菠萝摘掉了面具
露出了高贵的金黄色果肉……

苹果雪梨冰沙

原料

苹果、雪梨各1个，橙汁100毫升，蜂蜜适量。

制作

1.取凉开水冻成冰块，刨成冰沙。
2.苹果、雪梨洗净，去皮切块。
3.取一半苹果、雪梨，加入蜂蜜，放入果汁机打匀。
4.将冰沙放入容器，淋入橙汁，倒入水果泥，略拌。
5.放入剩余的雪梨块、苹果块即可。

制作窍门

1.橙汁可以换成柠檬汁、葡萄汁等。
2.雪梨块、苹果块可以埋入冰沙中，平添一种寻找的乐趣。

冰趣语

漫步云端，处处果香。

和你漫步云端，
有着无限的快乐、自在，
让我们憧憬
美好的未来……

蜜瓜冰沙

原料

哈密瓜250克，果糖适量。

制作

1.取凉开水冻成冰块，刨成冰沙。

2.哈密瓜洗净去皮籽，切块，一半和果糖一起放入果汁机打成泥，另一半切成薄片。

3.将冰沙放入容器，加入哈密瓜泥，略拌。

4.将哈密瓜片放在冰沙上，用果糖装饰即可。

制作窍门

1.装饰物也可以换成色彩鲜艳的草莓、樱桃等。

2.果糖可以换成蜂蜜，和哈密瓜一起打成泥。

3.可以根据自己的喜好将所有哈密瓜打成泥，不需要切片装饰。

冰趣语

冰雪世界里的瓜香童趣。

有时候，
简单并不是粗率，
而是返璞归真。

蓝莓苹果冰沙

原料

苹果1个，蓝莓酱适量。

制作

1.取凉开水冻成冰块，刨成冰沙。

2.苹果洗净削皮、去核，一半果肉放入果汁机打成泥，一半切小块。

3.将冰沙盛入容器，加入苹果泥，略拌。

4.将苹果块埋入冰沙中，在一侧放入蓝莓酱即可。

制作窍门

1.蓝莓酱也可以换成其他果酱。

2.苹果块埋入冰沙中，别有乐趣；也可以直接放在冰沙上，据个人爱好而定。

冰趣语

蓝莓酱让冰沙的生活多了色彩。

何不放纵一把？
抛掉沉重的伪装，
酣畅地跑，
痛快地笑！

椰奶红豆冰沙

原料

椰奶200毫升，红豆适量。

制作

1.取凉开水冻成冰块，刨成冰沙；红豆入锅添水煮开花，晾凉。

2.将冰沙盛入容器，倒入椰奶。

3.放入红豆沙即可。

制作窍门

1.椰奶有独特的香味，但有些人不喜欢，可以换成鲜奶。

2.如果喜欢较甜的口味，可以加入一些果糖或者蜂蜜。

冰趣语

甜香与冰爽交融。

你那时是流浪画家，
我迷恋你清澈的眼神，
和你那不羁的抽象画；
如今你功成名就，
衣冠楚楚，画风精致，
我却认为那是涂鸦……

布丁水果冰沙

原 料

苹果1个，香蕉1只，水果布丁适量。

制 作

1.取凉开水冻成冰块，刨成冰沙。

2.苹果洗净去皮、籽，一半放入果汁机打成泥，一半切块；香蕉去皮切块。

3.将冰沙放入容器，倒入苹果泥，略拌。

4.放入香蕉块、水果布丁即可。

制 作 窍 门

1.如果喜欢更甜一些的味道，可以加入蜂蜜或者适量果糖。

2.水果布丁的口味也可以变换，如换成鸡蛋布丁等。

冰趣语

清凉是炎炎夏日里翩然而至的精灵。

一场盛大的晚宴，
似玫瑰般在皇宫的大厅里盛开，
我却发现，
南瓜再也不能变成马车，
水晶鞋也找不到踪影，
而我的王子，
是否在焦急地等待？

橙香甜瓜冰沙

原料

甜瓜1个，橙汁100毫升，樱桃适量。

制作

1.取凉开水制成冰块，刨成冰沙。
2.甜瓜削皮，去籽，切成月牙状。
3.将冰沙放入容器中，淋入橙汁。
4.半埋入甜瓜块，用樱桃装饰即可。

制作窍门

1.橙汁也可以换成柠檬汁，但柠檬汁较酸，加的量要少。
2.装饰用的樱桃可以换成草莓。
3.如果喜欢更甜一些，或者中和一下橙汁的酸味，可以加入适量的蜂蜜。

冰趣语

月上柳梢头，人约黄昏后。

城市里的爱情，
可能只是咖啡馆里的，
一杯卡布奇诺，
在钢筋与混凝土的坚硬中，
柔情难觅。
不妨找个乡野小村，
在蛙声脆鸣、稻香浓浓里，
期待与你的约会……

珍味水果冰沙

原料

什锦水果罐头1罐，樱桃适量。

制作

1.取凉开水冻成冰块，刨成冰沙。

2.将冰沙盛入容器，淋入什锦水果罐头的汁。

3.放入罐头果肉，用樱桃装饰即可。

制作窍门

1.如果喜欢新鲜的水果味道，可以选择中意的水果切成丁，放入冰沙中。

2.如果不喜欢罐头的味道，可以将罐头汁换成蜂蜜等。

冰趣语

群英荟萃的冰沙世界。

活着，才能爱，
原来一个人，
可以为爱改变一生……

荔枝蜜瓜冰沙

原料

哈密瓜200克，荔枝150克，樱桃适量。

制作

1.取凉开水冻成冰块，刨成冰沙。

2.哈密瓜去皮、籽，放入果汁机打成泥；荔枝洗净去皮。

3.将冰沙放入容器中，加入瓜泥略拌。

4.放入荔枝，用樱桃装饰即可。

制作窍门

1.如果喜欢更甜一些，可以淋入少许蜂蜜。

2.装饰用的樱桃可以换成草莓等。

冰趣语

荔枝与冰相识，“才子佳人绝配”。

很多时候在遐想，
假如面临只有一天的爱情，
我会不会像鸟儿一样快乐飞翔？

圣女果柠檬冰沙

原料

圣女果200克，柠檬1个。

制作

1.取凉开水冻成冰块，刨成冰沙。
2.柠檬取果肉榨汁，圣女果洗净去皮。
3.将冰沙放入容器，淋入柠檬汁。
4.放入圣女果，用柠檬片装饰即可。

制作窍门

1.柠檬汁较酸，应尽量少加，如果不小心加多了，可以用蜂蜜中和一下酸味。
2.也可以放入樱桃装饰。

冰趣语

冰湖上翩翩起舞的红衫仙女。

喜欢在浓黑的夜，
不开灯的房间，
静静地坐在地板上，
聆听忧伤的音乐，
让伤感的气氛如花香绽放，
浸染一个人的世界。

龙眼果汁冰沙

原 料

龙眼肉150克，果汁100毫升，果糖适量。

制 作

1.取凉开水冻成冰块，刨成冰沙。

2.将冰沙放入容器中，淋入果汁。

3.将龙眼肉放入冰沙中，撒入果糖即可。

制 作 窍 门

1.使用的果汁可以根据自己的口味选择橙汁、柠檬汁等。

2.可以用樱桃等加以装饰。

冰趣语

感受贝加尔湖的深度。

梦想是一个舞者，
在这个城市最高楼的天台上，
滑步、跳跃、旋转，
旋成一阵风，
让楼下每一双眼睛，
都能看到我为艺术的放纵。

木瓜汁冰沙

原料

木瓜250克，樱桃适量。

制作

1.取凉开水冻成冰块，刨成冰沙。

2.木瓜去皮、籽，切成块，放入果汁机打成泥。

3.将冰沙放入容器，加入木瓜泥，略拌。

4.用樱桃装饰即可。

制作窍门

1.如果喜欢味道甜一些，可以加入适量蜂蜜。

2.装饰物樱桃可以换成草莓等。

3.如果喜欢木瓜块的口感，可以将部分木瓜切块放入冰沙中。

冰趣语

热带的木瓜爱上浓情的冰。

当草绿的时候，
你是否嗅过它的清香？
当繁花似锦，
你是否畅游它色彩的海洋？

冰淇淋细腻滑润，
口感丰富，
颇受人们的欢迎。
炎炎夏日，
一杯加有水果的冰淇淋，
会让你的心境清凉起来……

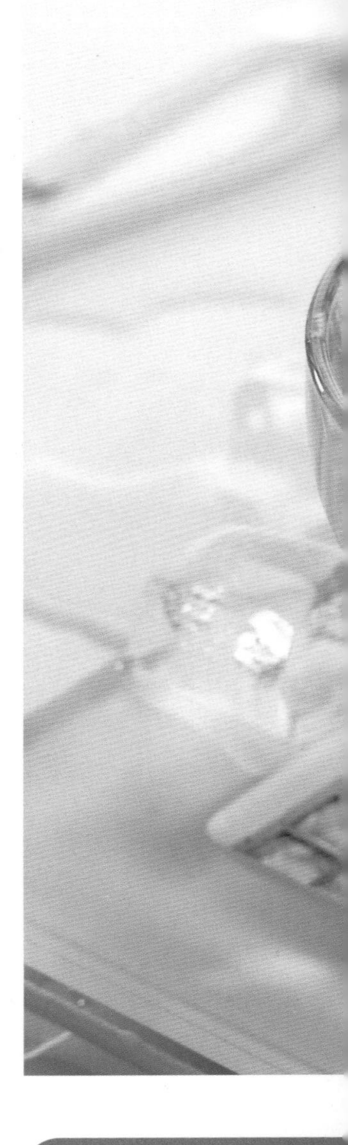

Part 3 美味彩趣冰淇淋

咖啡蜜桃冰淇淋

原料

罐头水蜜桃2块，咖啡冻1块，樱桃数颗，柳橙汁100毫升，冰淇淋粉适量。

制作

1.将桃块放入果汁机内打汁，用滤网过滤到大碗里。

2.加入冰激凌粉，充分搅拌至半凝结状态，然后倒入干净、有盖的容器里，放入冷冻室冷冻成形。

3.用冰激凌勺挖出3球冰激凌放在玻璃杯里。

4.咖啡冻用水果刀切成小方块，放入玻璃杯的侧边。

5.用樱桃装饰即可。

制作窍门

1.冰淇淋粉中已经加糖，建议不要再加糖。

2.应选择新鲜水蜜桃，味道会更甜美。

冰趣语

一点红唇，惊艳一个世界。

最后一刻，
我放入一颗樱桃，
她就笑了，
灿烂的笑颜犹如阳光，
温暖了整个世界。

什锦水果冰淇淋

原料

绿豆仁150克，什锦水果粒1罐，椰奶100毫升，蜂蜜、冰淇淋粉各适量。

制作

1.将绿豆仁煮熟，冷却备用。

2.将绿豆仁放入果汁机中打成泥，用滤网过滤到大碗中。

3.将冰激凌粉倒入大碗中，加入绿豆泥，充分搅拌至半凝结状态。

4.再倒入干净、有盖的容器，放入冷冻室。

5.将水果粒盛入漂亮容器，铺在底层，再用冰激凌勺挖出几球冰激凌放在上面，用樱桃装饰即可。

制作窍门

1.罐头水果可以换成新鲜水果切块。

2.椰奶带有独特的香气，但是有一些人不喜欢，可以换成自己喜欢的鲜奶。

冰趣语

有冰，有水果，夏天就凉爽了。

生活中并不缺少美，
只是缺少发现美的眼睛，
用温柔的心，
细腻的情，
在一碗凉凉的冰淇淋中，
寻找美的感觉……

草莓冰淇淋

原料

白葡萄酒、草莓甜酒各100毫升，冰淇淋粉、草莓各适量。

制作

1.将白葡萄酒、草莓甜酒调匀，和冰淇淋粉一起放入大碗，搅拌至半凝结状态。

2.将半凝结的冰淇淋倒入有盖的容器，放入冷冻室冻凝固。

3.将冰淇淋挖球放入玻璃杯中，用草莓片装饰即可。

制作窍门

1.如果买不到草莓甜酒，可以改用红色的水果甜酒，也可以将草莓打成汁，与白葡萄汁混合。

2.白葡萄酒用量可以少一些。

3.冰淇淋粉中已经含有糖，所以不要再加糖。

冰趣语

可爱的粉红冰精灵。

冬夜，晚二十三点，
我说要吃草莓，
你竟然跑遍整个城市的角落，
“傻瓜啊，冬夜吃草莓是我故意的蛮横，
你为什么这么宠我，
却不反驳？”

咖啡酒香冰淇淋

原 料

冰咖啡150毫升，威士忌50毫升，冰淇淋粉、草莓、鲜奶油、柠檬片各适量。

制 作

1.将冰咖啡、威士忌混合调匀。

2.加入冰淇淋粉，搅拌至半凝结状态，倒入有盖的容器中，放入冷冻室冻凝固。

3.将冰淇淋挖球放入高脚杯中。

4.挤上鲜奶油，放上草莓、柠檬片装饰即可。

制 作 窍 门

1.威士忌可以换成奶酒，味道会更醇香；如果不喜欢酒，可以用鲜奶代替。

2.装饰物可以换成樱桃等。

冰趣语

飘飘然的微醺感觉。

迷离的世界，
戴着面具生活，
为什么会遇上纯净的你？
凝视，
一如咖啡般浓情，
威士忌般的热烈！

Part 4

激凉彩趣块冰

块冰只是模糊的称呼，
在你的记忆中，
它可以是酸甜的山楂冰棍，
也可以是细腻的豆沙冰糕，
其实不管什么名字，
刻在记忆里的那份凉到透心的享受。

菠萝桃香冰

原料

菠萝200克，水蜜桃100克，酸奶150毫升，果糖适量。

制作

1.水蜜桃洗净切成块，菠萝削皮切小块。

2.酸奶、果糖、部分菠萝块放入果汁机内打汁，过滤到大碗中备用。

3.将剩余菠萝块、水果汁分盛入冰格里。

4.放入冷冻室，冻结后取出，磕入用碎冰铺底的容器中。

5.摆上水蜜桃即可。

制作窍门

1.酸奶比较稠，打汁的时候可适量加入冰水。

2.如果不喜欢果糖，可以换成蜂蜜。

3.取冰块时，用凉水略化，磕出即可。

冰趣语

夏日里最酸甜的菠萝冰。

时光错落，
片段重合，
甜蜜的泪水肆无忌惮地流……

可乐柠香球冰

原料

可乐200毫升，柠檬汁100毫升，果糖适量。

制作

1.可乐、柠檬汁混合调匀，加入果糖，倒入球形制冰盒中。

2.整盒放入冷冻室结冰。

3.冻结后，拿出冰盒，将球冰用凉水化出，盛入铺有碎冰的容器中即可。

制作窍门

1.柠檬汁也可以换成菠萝汁，但用量不宜过多，避免抢了可乐的味道。

2.块冰的形状可以根据自己手头的制冰盒确定，随意呈现多种变化。

冰趣语

可乐制冰，冰凉可乐。

当你在学校残破的球场上，
奔驰、追逐、进球的时候，
我总会晃动手中的可乐为你欢呼，
正如我搞不懂你为什么喜欢足球一样，
你搞不懂我为什么喜欢可乐，
其实只是因为，
有你才可乐……

巧克力鲜奶球冰

原料

鲜奶200毫升，果糖、巧克力块各适量。

制作

1.将巧克力块切成碎屑。

2.鲜奶中加入果糖，搅拌均匀。

3.将巧克力碎屑放入球状制冰盒中，然后倒入鲜奶，放入冷冻室结冰。

4.至原料冻结后，拿出冰盒，用凉水化出，盛入容器中即可。

制作窍门

1.可以往鲜奶中加入少量的炼乳，味道会更加香浓甜美。

2.可以用巧克力酱代替巧克力块。

冰趣语

鲜奶和巧克力，永恒的搭配。

很想做一个娴雅的女子，
清秀的眉黛，
自然散发出书卷气质，
与好友相伴，
亦是谈诗抚琴……

绿茶奶香冰

原料

酸奶200毫升，樱桃、绿茶粉、果糖各适量。

制作

1.将绿茶粉加适量凉开水搅拌，再加果糖调匀，冷却备用。

2.加入酸奶，搅拌均匀。

3.倒入制冰盒，放入冰冻室冻结。

4.拿出冰盒，用凉水化出，盛入容器，用樱桃装饰即可。

制作窍门

1.绿茶粉的用量不宜过多，否则味道会比较重；泡绿茶粉的水温不要超过60℃。

2.酸奶可以中和绿茶的涩味，也可以留住绿茶的营养成分。

冰趣语

茶香可以撩拨你的情怀。

泡茶如修身养性，
品茶如品味人生。
一杯绿茶，
清香缕缕，
以茶会友，
齿颊留香……

鲜奶红豆冰

原料

红豆100克，鲜牛奶200毫升，果糖适量。

制作

1.鲜奶中加入果糖调匀；红豆入锅添水煮至开花，晾凉。
2.将鲜奶倒入冰格中，放上红豆，入冷冻室冻结。
3.取出冰格，用凉水化出，放入容器中即可。

制作窍门

1.可以在冰中放入一些小粉圆等增强口感，但不宜过多，避免冰难以冻结。
2.可以将鲜奶换成豆浆，尝试新鲜风味。

冰趣语

有着红豆绵沙和冰块凉硬的双重刺激。

此红豆非彼红豆，
名称相近情亦同。
且作相思豆，
孤影对镜叹思情，
秋日迫近，
寄语秋鸿。

木瓜奶香冰

原料

木瓜1个，牛奶150毫升，果糖适量。

制作

1.将木瓜削皮，切成小块，放入果汁机中。

2.加鲜奶和果糖打成汁，过滤后倒入模具中，放入冷冻室凝固。

3.取出模具，用凉水略化，倒出冰，加入果糖装饰即可。

制作窍门

1.木瓜略有涩味，所以适宜加入果糖。

2.除了鲜奶，再加些炼乳味道会比较浓郁。

冰趣语

美味营养，回味无穷。

冰冷的底下，
是彻骨的甜美……

附录：水果功效大揭秘

樱桃：樱桃是上市最早的一种乔木果实，号称“百果第一枝”，味道甘甜而微酸，既可鲜食，又可腌制或作为其他菜肴食品的点缀，深受人们青睐。

草莓：原产欧洲，有“水果皇后”之美誉，能健脾和胃、补血益脑，可辅助防治冠心病、脑溢血。

香蕉：欧洲人称香蕉为“快乐水果”，而且香蕉还是女孩子们钟爱的减肥佳果。

菠萝：菠萝性味甘平，具有健胃消食、补脾止泻等功效，肾炎、高血压病患者适量食用尤其有益。

橙子：橙子被称为“疗疾佳果”，它富含维生素C、钙、磷、钾、β－胡萝卜素、柠檬酸、橙皮甙等物质，经常食用橙子对预防胆囊疾病有效，同时橙子发出的气味有利于缓解人们的心理压力。

哈密瓜：哈密瓜有“瓜中之王”的美称，它营养丰富，药用价值高，有清凉消暑、除烦热、生津止渴的作用，是夏季解暑的佳品。

柠檬：柠檬能生津止渴、利肺润喉、开胃消食、祛暑、止血、安胎止呕、美白肌肤；同时柠檬汁中含有大量柠檬酸盐，能够抑制钙盐结晶。

苹果：苹果是老幼皆宜的水果之一，营养价值和医疗价值都很高。

葡萄：葡萄原产西亚，可补血糖、益气血、强筋骨、暖胃健脾、利尿、抗衰老。

火龙果：火龙果不但味道堪称一绝，而且是很好的食疗水果，对胃壁有保护作用，还具有抗氧化、抗自由基、美白皮肤、抗衰老、减肥、降低血糖、润肠、预防大肠癌的作用。

荔枝：荔枝是果中佳品，口感软韧，含有丰富的糖分、蛋白质、多种维生素、脂肪、柠檬酸、果胶以及磷、铁等，是有益人体健康的水果。

梨：梨被誉为“百果之宗”，因其鲜嫩多汁，酸甜适口，所以又有“天然矿泉水”之称，有清心润肺、降低血压、养阴清热的功效。

芒果：芒果集热带水果精华于一身，被誉为“热带水果之王”，能润泽皮肤，是女士们的美容佳果，还有益胃、止呕、止晕的功效。

猕猴桃：猕猴桃被誉为“维C之王”，能稳定情绪、降低胆固醇，促进心脏健康，快速清除并预防体内堆积的有害代谢物。

桃：桃以其果形美观、肉质甜美被称为“天下第一果”。人们常说鲜桃养人，因为桃子性平味甘，营养价值颇高。